煤炭生产行业是一个特殊的行业，只有安全第一，才能做到安全生产。这就要求每一个步入煤矿企业的新工人，要学习了解煤矿安全生产的各个环节。本书详细地介绍了当在煤矿井下遇到险情时，避灾的4条基本原则。

一、及时汇报

煤矿井下一旦遇到险情,及时正确的避灾躲险是十分重要的,关系到矿工的生死存亡。

煤矿井下避灾抢险与自救互救培训丛书

煤矿井下避灾图解手册

绘　　制：牛鹏键　柴　彦
图文设计：周卫华　赵　强　吴　洋
策　　划：吴京京

中国劳动社会保障出版社

图书在版编目(CIP)数据

煤矿井下避灾图解手册/《煤矿井下避险抢险与自救互救培训丛书》编委会组织编写. —北京:中国劳动社会保障出版社,2009

煤矿井下避险抢险与自救互救培训丛书

ISBN 978-7-5045-6973-8

Ⅰ.①煤… Ⅱ.①煤… Ⅲ.①煤矿-矿山安全 Ⅳ.①TD7

中国版本图书馆 CIP 数据核字(2009)第 040148 号

中国劳动社会保障出版社出版发行

(北京市惠新东街1号 邮政编码:100029)
出 版 人:张梦欣

*

北京京华虎彩印刷有限公司印刷装订　　新华书店经销
850 毫米×1168 毫米　64 开本　2.125 印张　60 千字
2011 年 6 月第 1 版　2011 年 6 月第 1 次印刷

定价:18.00 元

读者服务部电话:010-64929211/64921644/84643933
发行部电话:010-64961894
出版社网址:http://www.class.com.cn

版权专有　　侵权必究
举报电话:010-64954652

如有印装差错,请与本社联系调换:010-80497374

遇到险情应迅速向矿井调度室报告，争取尽快得到地面救护人员的救援，向井下事故可能波及的区域发出警报，使矿工尽快撤离。

二、积极抢救

灾区人员应沉着、冷静,分析判断灾情及发展蔓延的趋势。在保证自身安全的前提下,采取有效的措施,现场抢救。将事故控制在初期的最小灾害范围内,以减少人员伤亡和财产损失。

三、安全撤离

若现场不具备抢救的条件或可能危及人员生命安全时,立迅速撤离灾区。撤离时要统一行动,听从指挥,不要盲目行动。

四、善于避难

在灾害严重,危及矿工生命安全,又撤不出去的情况下,遇险人员要寻找避难场所和有利于生存的空间,妥善进行自救互救,并努力维护和改善生存的环境条件,树立坚强的信心,等待救护人员的救援,切忌盲目行动。

一旦煤矿井下灾害事故发生,在事故地点及附近的人员,立利用电话或派出人员,迅速将事故的性质、发生地点、原因及危害程度向矿井调度室汇报。

遇险时,在查明灾情后,矿工必须按照《煤矿安全规程》《矿井灾害预防和处理计划》的要求,采取合理有效的措施,极开展救灾工作。救灾过程中,同时必须注意自我保护。

如何准确地分析灾情

1：根据事故的发生地点，通过分析，对灾害可能波及的范围和危害程度作出判断；

2：根据事故的地点、性质，结合巷道布置、通风系统等情况，分析判断有无诱发和伴生其他灾害的可能性；

3：了解掌握自己所在地点的安全条件、人员伤亡情况，判断现场有无进行抢救的手段和条件。

所有遇险矿工都要服从领导,听从指挥。在任何情况下,都不可自行其事,单独行动。途中遇到溜煤眼、积水区、冒落区等危险地段时,应探明情况,谨慎通过。

井下事故常常造成灾区有毒有害气体含量增高,危及人员生命安全。因此,撤退前,所有遇险矿工必须使用必备的防护用品和器具,特别是自救器,以防止有毒有害气体侵袭,造成人员中毒或窒息。

如何正确使用自救器

1. 从腰带上解下自救器,用大拇[指]扳起开启扳手,撑开锁封带。

2. 握住开启扳手,拉开封口带。

3. 揭开并扔掉上部外壳。

4. 抓住口具,从下部外壳中取出过滤器,扔掉下部外壳。

7. 摘下安全帽,从头顶上把头带戴好

8. 全部佩戴完毕，再戴上安全帽。

然后，躬身弯腰尽快撤离危险区。

遇到险情无法撤出时，该怎么办？

　　这时候更应该冷静，观察环境就地取材做应急处理。比如在险情发生时，无法到达永久避难硐室时，可以就地取材，构筑临时的安全防护设施，如防护板、支架、临时风障等临时避难所。

在灾区临时避难时,矿工应保持镇定的情绪和良好的心理状态,清除悲观情绪,树立可以获救脱险的信心,团结友爱,互相帮助,以坚强的毅力克服艰难困苦,坚持到安全脱险。

遇险人员应在避难硐室外或所处地点采用文字、遗留物品、矿灯等方式,设置明显的标志,为救护人员指示营救目标。

附近有人

避难期间,如发觉所在地点条件恶化,可能危及人员安全时,应立即转移到其他安全地点。转移途中应设置明显标记,以便营救人员跟踪寻找。

当救护人员来营救时,遇险人员要努力克制自己的情绪,不可荒乱和过分激动。脱离灾区时,要保持良好的秩序,注意自身和他人的安全,避免造成意外伤害。

火灾发生必须同时具备三个条件

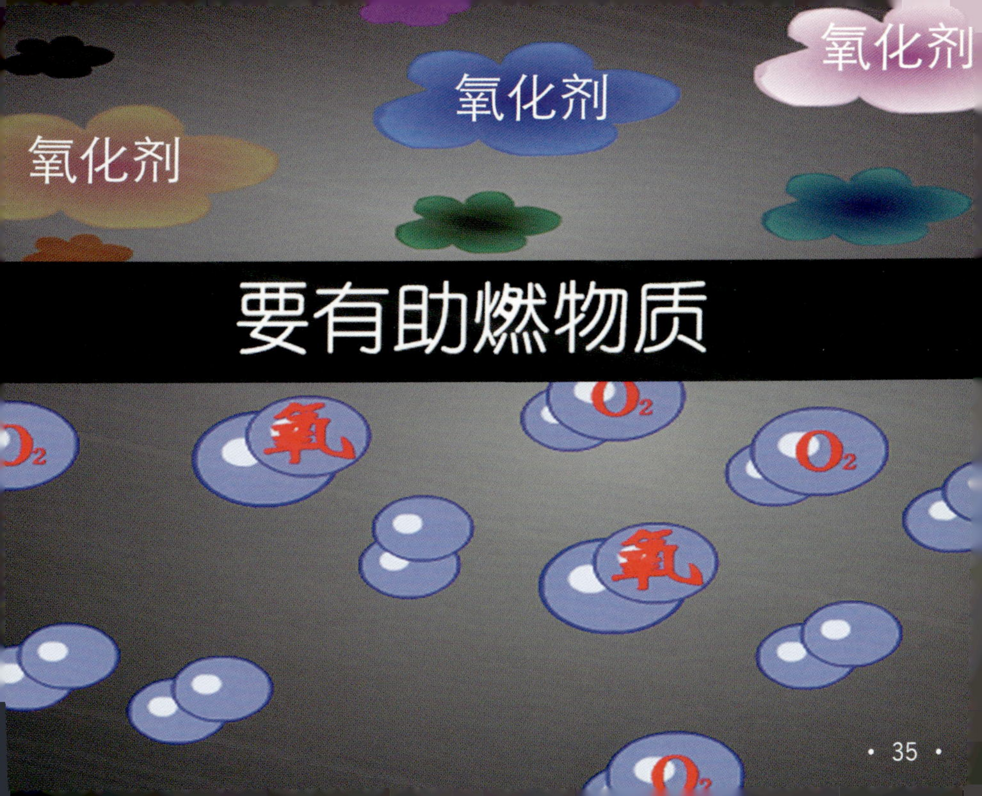

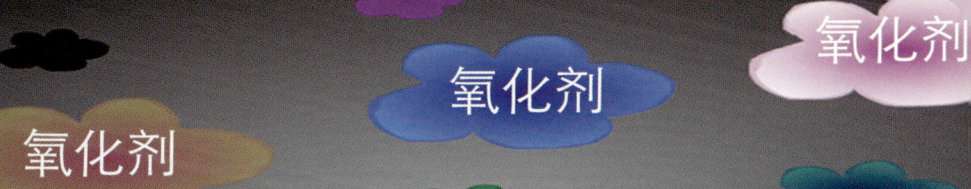

要有助燃物质

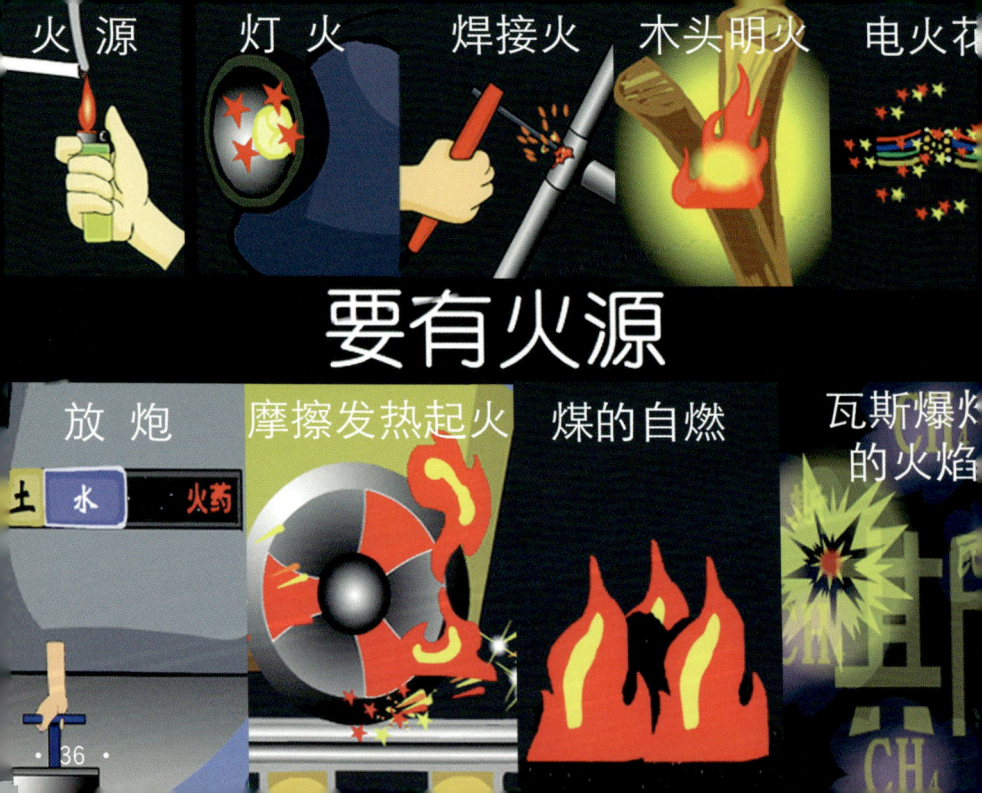

只要想办法不使下面三个条件同时具备,就可以防止矿井火灾。

煤矿井下火灾有多大危害性？

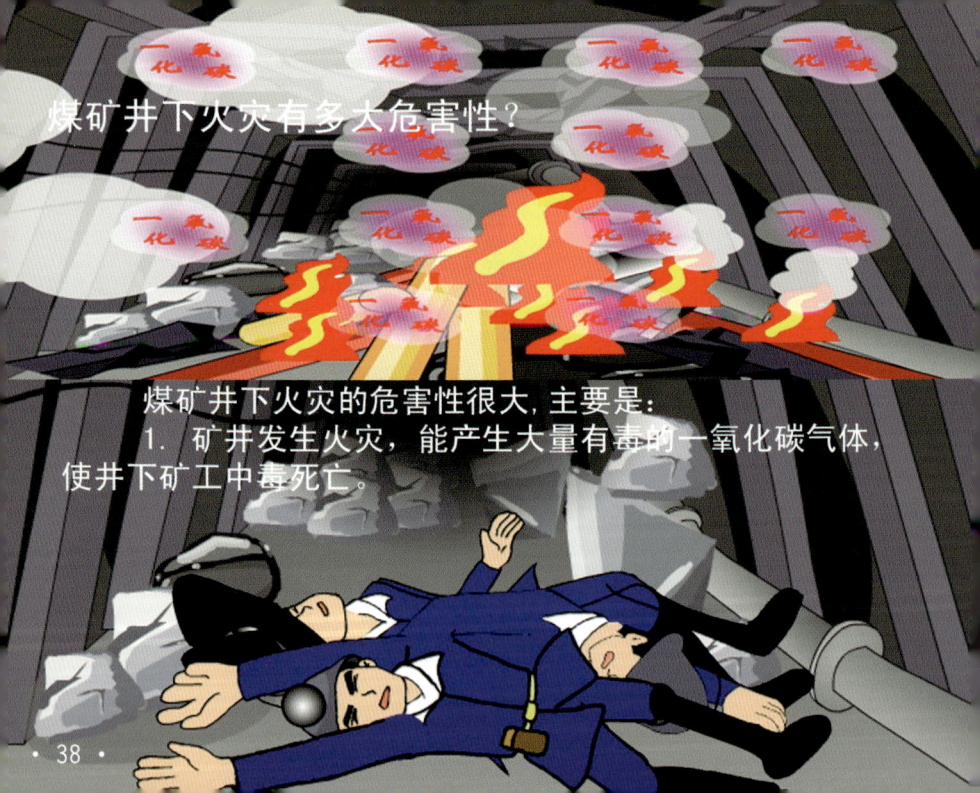

煤矿井下火灾的危害性很大，主要是：

1. 矿井发生火灾，能产生大量有毒的一氧化碳气体，使井下矿工中毒死亡。

2. 矿井火灾会烧毁大量的设备器材和煤炭资源，甚至烧毁整个矿井。

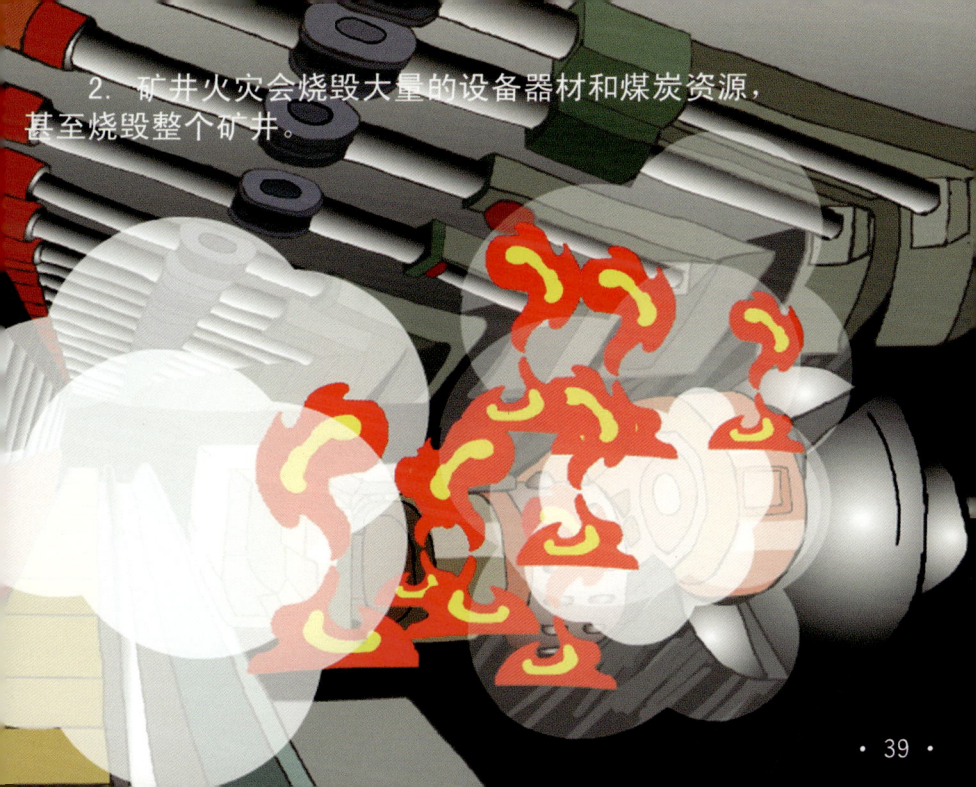

3. 矿井火灾能引起瓦斯、煤尘爆炸。

遇到一氧化碳中毒者,应立即运送到新鲜风流地带,进行人工呼吸,并注意保暖。

但要特别强调的是，井下电气着火时，应首先切断电源，如切断电源有困难时，则只能使用不导电的灭火器材灭火，切记不能用水，因为水是导电的，对油类火灾，也不宜用水扑灭。

巷道里有烟雾时,应特别注意:
1. 必须及时戴好自救器。

2. 要尽量避免深呼吸和急促呼吸。

3. 逆烟撤退具有很大的危险性，一般情况下不要这样做。

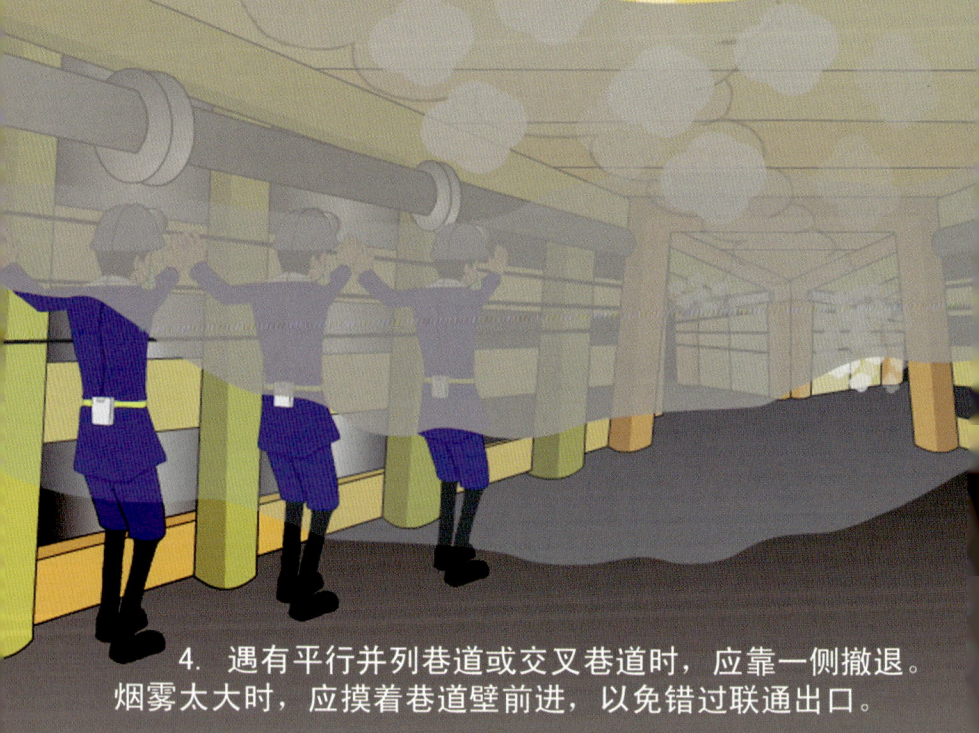

4. 遇有平行并列巷道或交叉巷道时,应靠一侧撤退。烟雾太大时,应摸着巷道壁前进,以免错过联通出口。

5. 烟雾不严重时,应尽力躬身弯腰,低头快速前进。

6. 遇到高温、浓烟大的巷道，利用巷道内的水对身体降温，或用湿毛巾捂着脸，以防高温烟雾刺激。

当井下矿工位于火源回风处时,这里烟大毒气多,危险也大。应迅速戴好随身携带的自救器,尽快选择捷径绕到新鲜风流中去。

或是在烟气没有到来之前，顺着风流尽快从回风出口撤到安全地点。

如果距火源较近，但穿越火源又没有危险时，也可迅速穿过火区，撤到火源上方的进风处。

在火灾事故中，当发现瓦斯爆炸预兆时，如有可能要先避开可能发生爆炸的正面巷道，或进入巷道内的避难硐室。

如果来不及躲避瓦斯爆炸时,应迅速背向爆源方向,靠巷道一帮就地顺着巷道卧倒趴下。

躲避瓦斯爆炸时,要面部朝下,紧贴巷道底板,用双臂护住头部,尽量减少皮肤外露部分。

在躲避瓦斯爆炸时,如果巷道内有水沟或水坑,则应顺势趴入水中。

　　还有一种情况要特别注意,就是当大火把巷道或工作面给封住无法撤退时,应在保证安全的条件下,迅速拆除可燃的风筒和部分木支架,切断火灾蔓延的通路。同时,选择合适的地点利用风筒、支架等迅速构筑避难硐室,并严加封堵,防止有毒有害气体侵入。

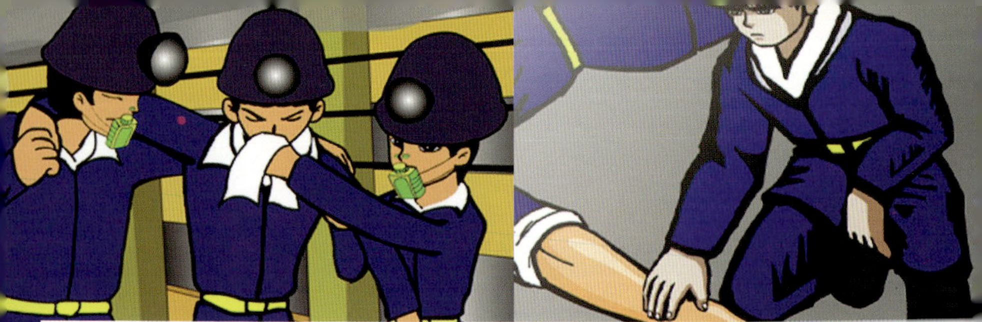

对从灾区营救出来的中毒矿工，要运到新鲜风流的安全地点，检查伤员的心跳、脉搏、呼吸及瞳孔，并注意保暖。

同时解开领口，放松腰带，口腔如有杂物或呼吸道不畅，应及时将污物等清理取出，使呼吸道畅通。

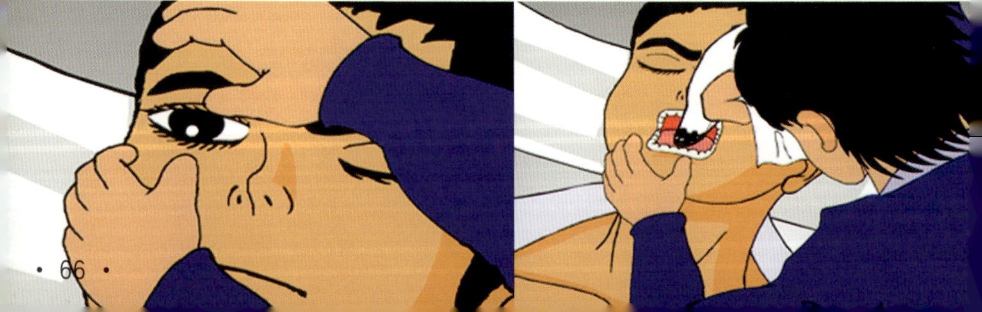

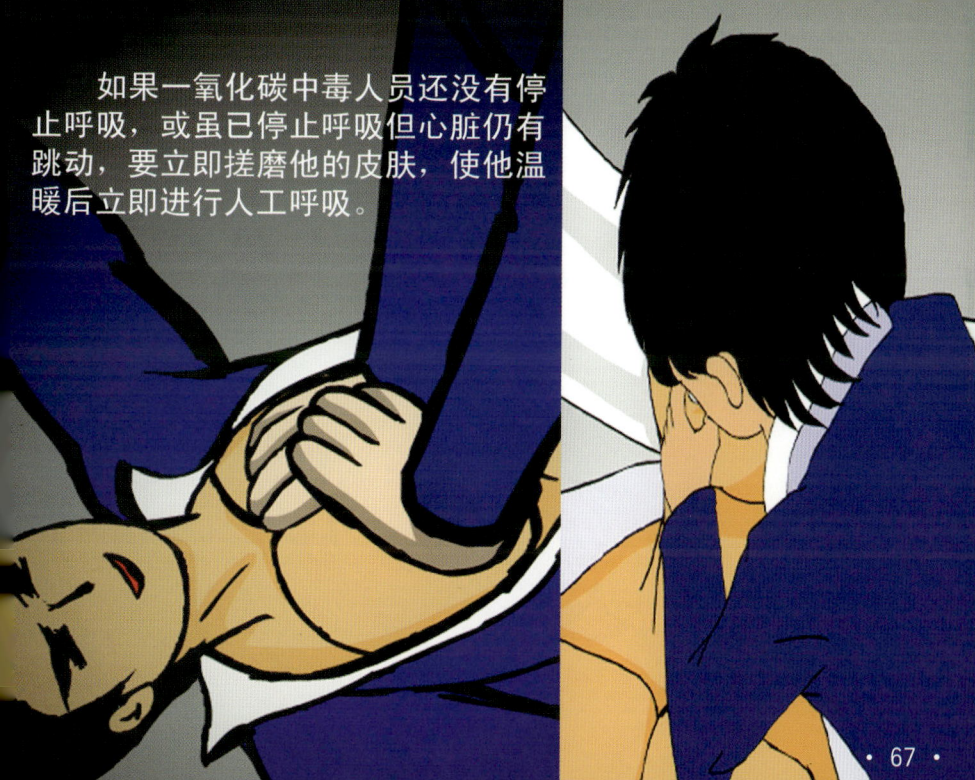

如果一氧化碳中毒人员还没有停止呼吸,或虽已停止呼吸但心脏仍有跳动,要立即搓磨他的皮肤,使他温暖后立即进行人工呼吸。

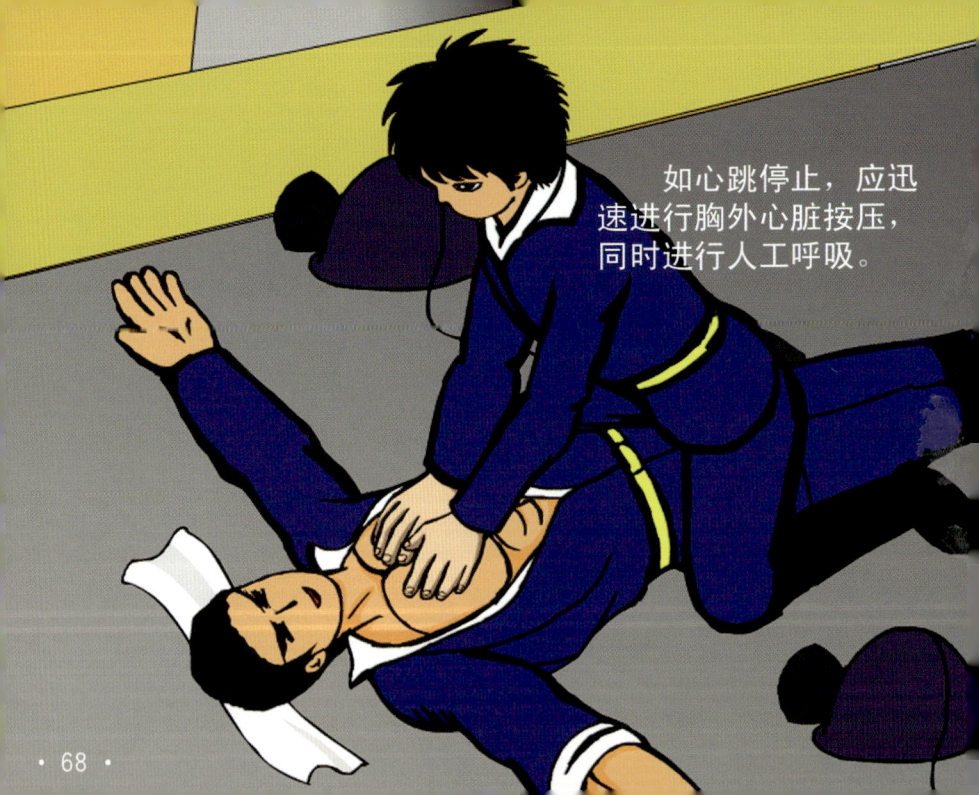

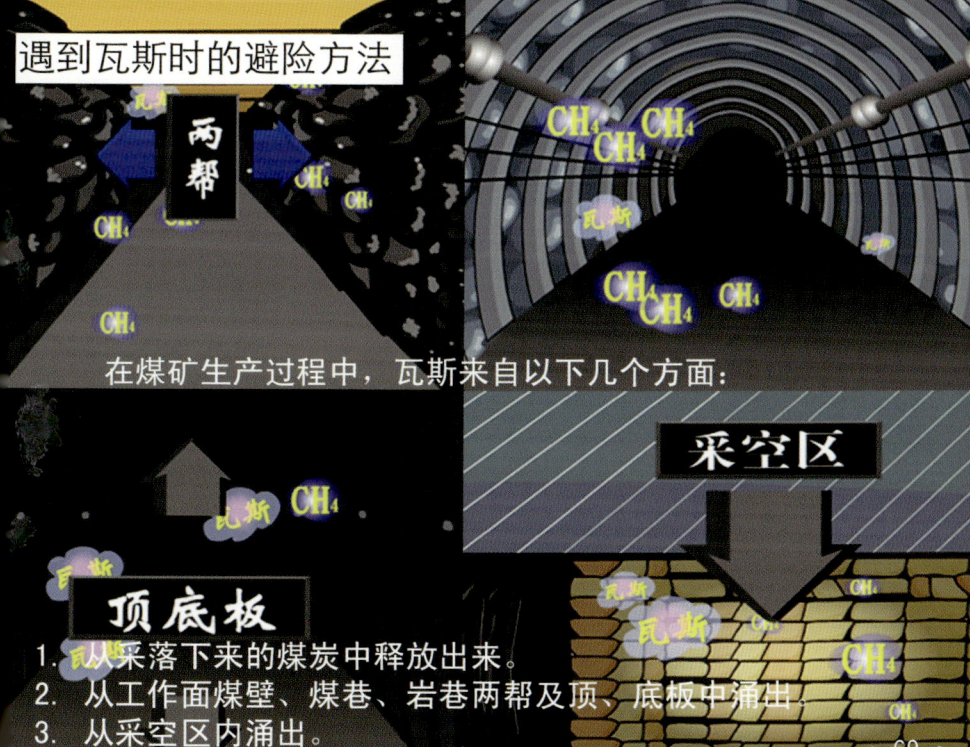

遇到瓦斯时的避险方法

在煤矿生产过程中,瓦斯来自以下几个方面:

1. 从采落下来的煤炭中释放出来。
2. 从工作面煤壁、煤巷、岩巷两帮及顶、底板中涌出。
3. 从采空区内涌出。

瓦斯爆炸必须同时具备三个条件，才能引发瓦斯爆炸。
1. 瓦斯的浓度。

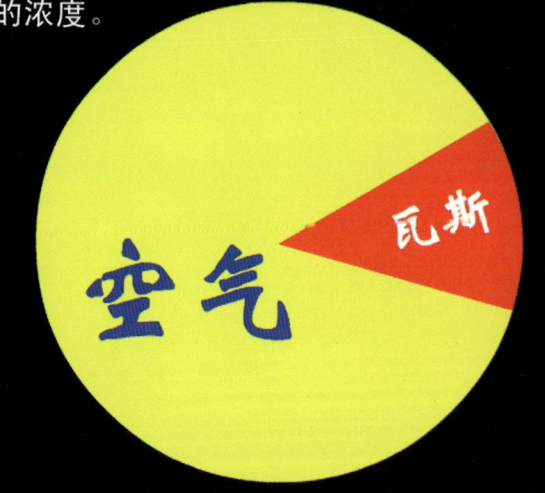

在新鲜空气中瓦斯浓度达到5%-16%

2. 具有引燃引爆瓦斯的高温热源。

明火、吸烟、电火花、放炮产生的火焰，以及摩擦、撞击火花，都可以引起瓦斯爆炸。

瓦斯的引爆温度为650—750度

3. 氧气的浓度。

空气中氧气的浓度在12%以上

瓦斯爆炸必须同时具备上述三个条件,但火源和氧气在井下是很难时刻监控的。因此,要杜绝瓦斯爆炸事故,关键是要加强通风,加强瓦斯检查,防止瓦斯积聚和控制各种火源的产生。

地点	时间	瓦斯	时间	瓦斯
回风流	9.20	0.1	11.00	0.1
落山角	9.40	0.3	11.30	无
工作风流	10.00	0.4	11.40	0.2
煤帮	10.20	0.3	12.00	
进风流	10.50	0.2	12.30	

瓦斯会给矿井带来哪些危害?

1. 瓦斯可以燃烧,会导致矿井火灾。

2. 瓦斯爆炸能形成高温及火焰,使人员烧伤;引起煤尘爆炸及矿井火灾,爆炸形成的冲击可波造成井巷、设备损坏及人员伤亡;生成有毒有害气体,矿工吸入后可导致中毒死亡。

4. 在有些矿井,高压瓦斯能引起煤与瓦斯突出。

瓦斯爆炸前有没有异常现象？

瓦斯爆炸前，会感到附近空气有颤动的现象发生，有时发出咝咝的空气流动声。井下人员一旦遇到这种情况，要沉着、冷静，采取措施进行自救。

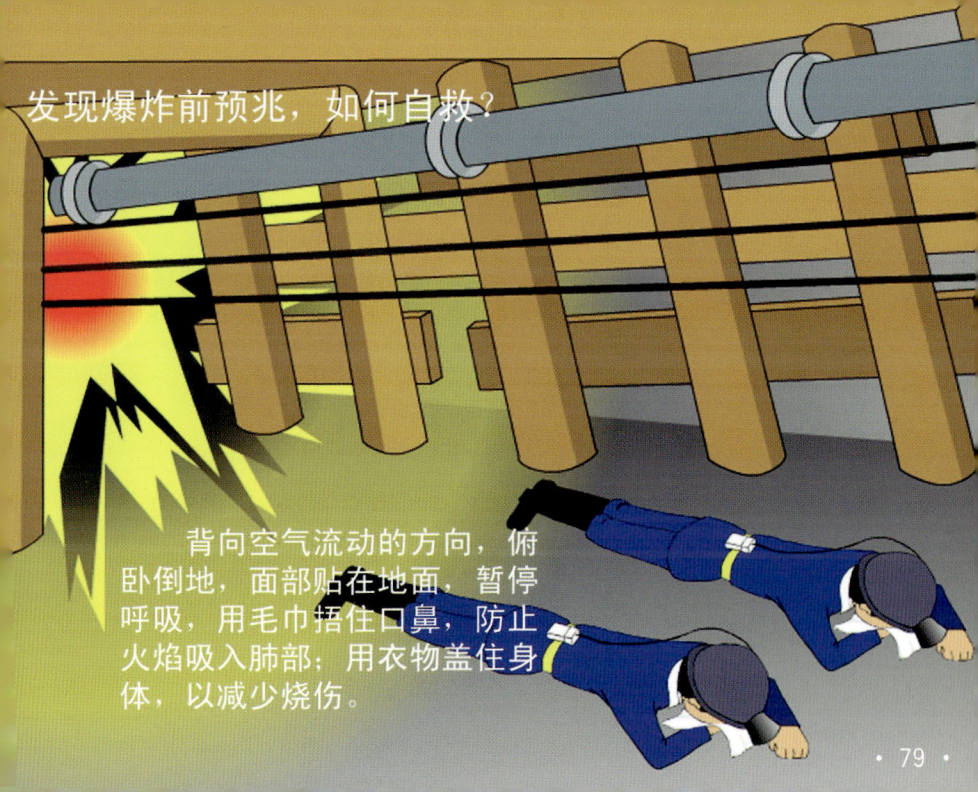

发现爆炸前预兆,如何自救?

背向空气流动的方向,俯卧倒地,面部贴在地面,暂停呼吸,用毛巾捂住口鼻,防止火焰吸入肺部;用衣物盖住身体,以减少烧伤。

假如巷道破坏严重,不知撤退是否安全时,可以到棚子比较完整的地点躲避,等待救护队来营救。这是矿工选择的比较稳妥的自我保护方式。

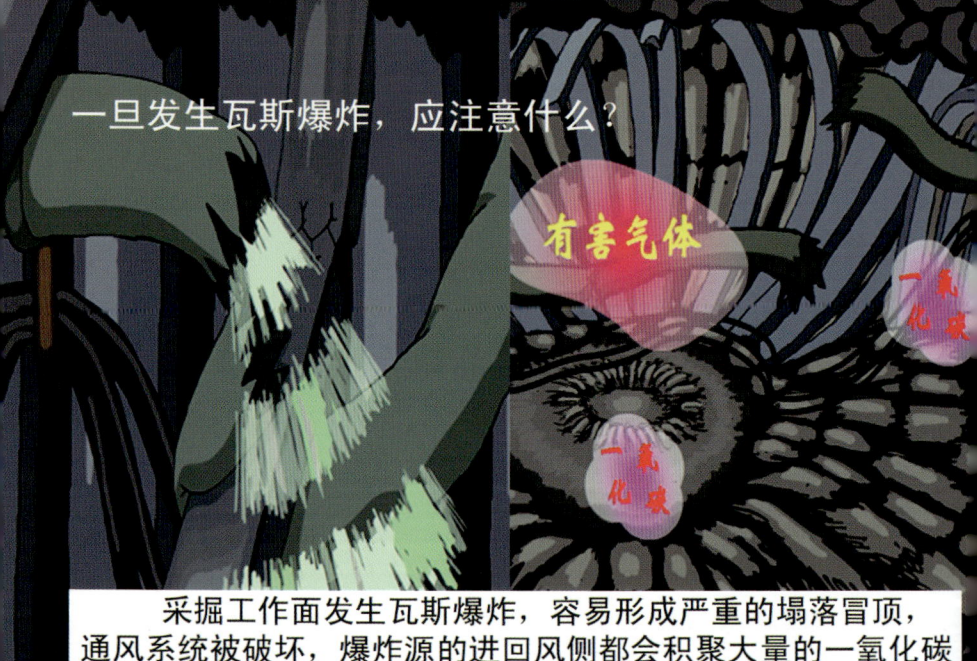

一旦发生瓦斯爆炸,应注意什么?

采掘工作面发生瓦斯爆炸,容易形成严重的塌落冒顶,通风系统被破坏,爆炸源的进回风侧都会积聚大量的一氧化碳和其他有害气体。为了防止中毒,要佩戴好自救器避灾。

瓦斯爆炸后险情很多,这时要按照抢险救灾预案,迅速撤到新鲜风流地带,千万不要盲目行动。如果撤离的退路被堵严,应一边迅速疏通被堵的退路,一边小心观察有没有不安全的情况。

万一灾情严重,退路确实难打通,这时候要选择安全地方藏身,静卧减少体力消耗,等待救援。

煤与瓦斯突出是怎么回事?

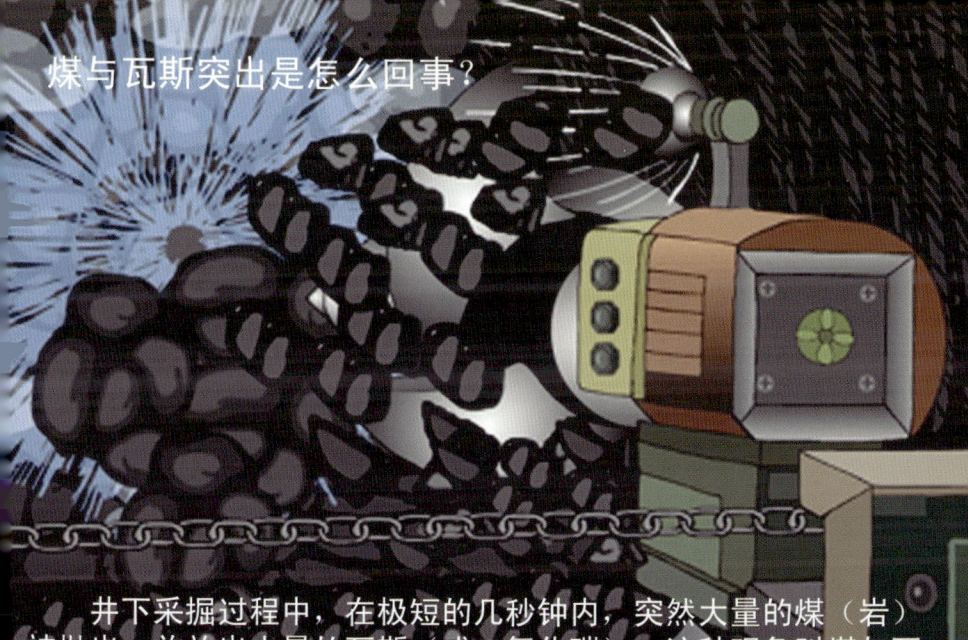

井下采掘过程中,在极短的几秒钟内,突然大量的煤(岩)被抛出,并放出大量的瓦斯(或二氧化碳),这种现象叫煤与瓦斯突出。

煤与瓦斯突出能堵塞井巷,摧毁支架和设备,使矿井通风系统受到破坏,造成生产停顿。由于大量的瓦斯突出,还会引起瓦斯爆炸、瓦斯燃烧,引起矿井火灾。

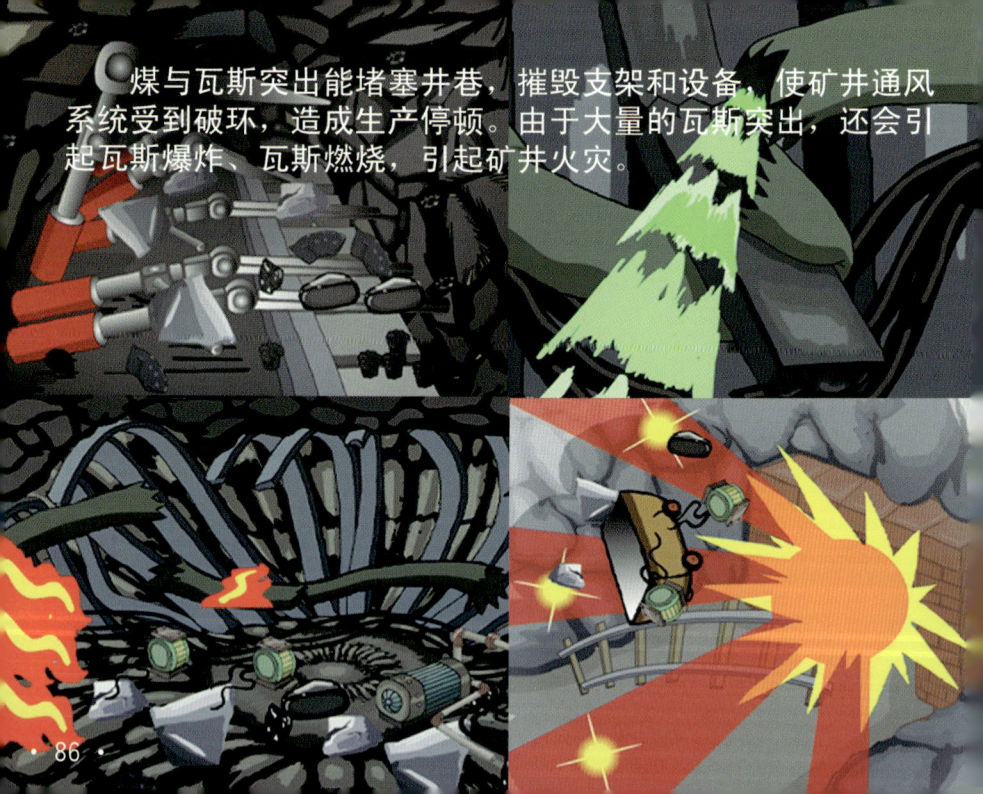

煤与瓦斯突出之前,一般都有哪些预兆?

1. 无声预兆。

工作面顶板压力增大,煤壁被挤出,片帮掉碴,顶板下沉或底板鼓起,煤层层理紊乱,煤暗淡无光泽,煤质变软,瓦斯涌出忽大忽小,煤壁发凉,打钻时有顶钻、卡钻、喷瓦斯等现象。

发现煤与瓦斯突出的预兆应怎么办？

一旦发现预兆，毫不迟疑，沿着进风方向迅速撤离危险区。

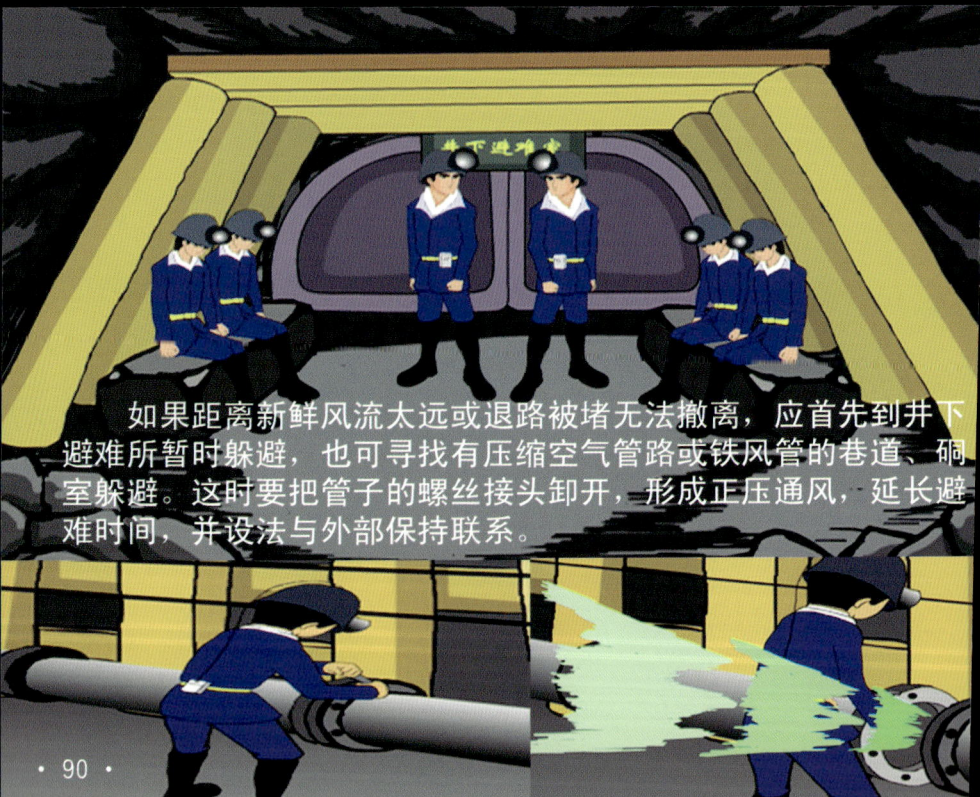

如果距离新鲜风流太远或退路被堵无法撤离,应首先到井下避难所暂时躲避,也可寻找有压缩空气管路或铁风管的巷道、硐室躲避。这时要把管子的螺丝接头卸开,形成正压通风,延长避难时间,并设法与外部保持联系。

水害事故的避灾方法。

先了解一下矿井漏水的来源。

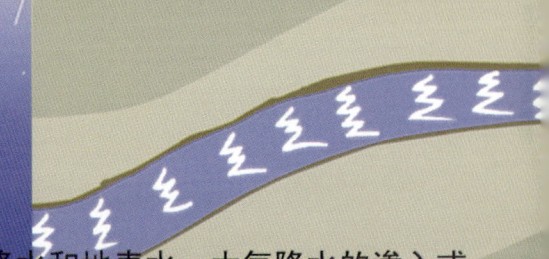

1. 地面水源，包括大气降水和地表水。大气降水的渗入或流入，往往是开采地形低洼且埋藏较浅的煤层的主要水源。地面的河流、湖泊、水库、池塘水也会流入井下成为矿井水。

2. 地下水源。

地下水源包括含水层水、断层水和老空水。有些岩层具有空隙，并含有地下水；有的断层带积存水；采过的小煤窑及矿井里废弃的巷道也常常有很多积水，这些都是地下水源。

含水层水

断层水

老空水

井下发生的水害，有时是一种水源造成的，有时是几种水源同时造成的，并且要有通道把它释放出来。因此，搞清楚矿井水的来源与通道，并采取相应措施，就会做到防患于未然。

造成矿井水害的主要原因是什么？

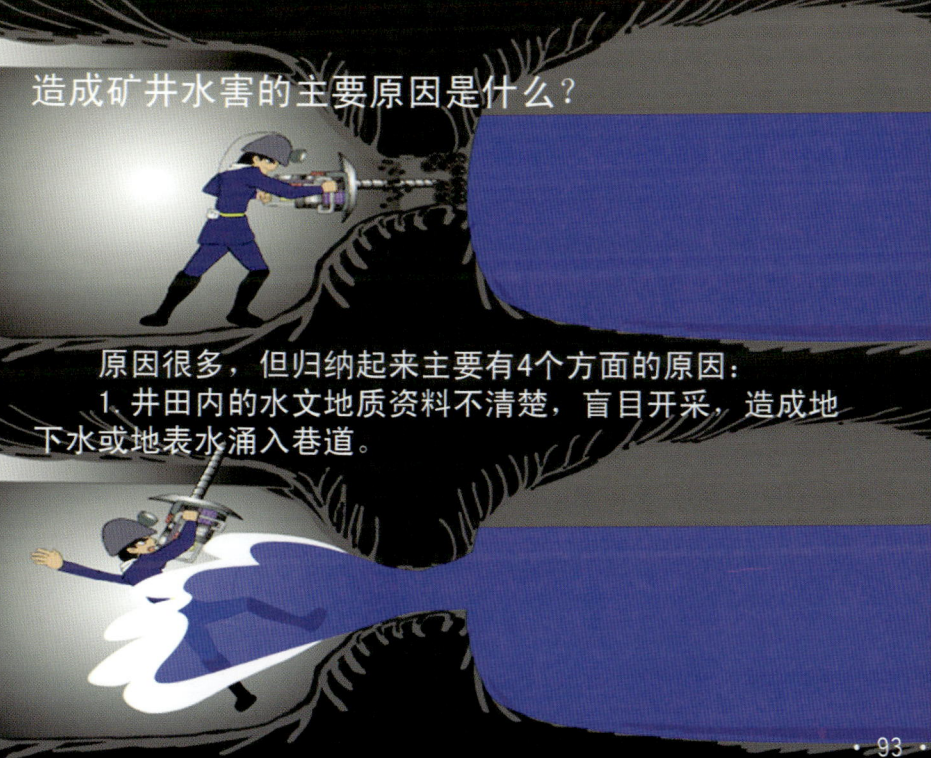

原因很多，但归纳起来主要有4个方面的原因：
1. 井田内的水文地质资料不清楚，盲目开采，造成地下水或地表水涌入巷道。

2. 井筒位置选择不合理，如井口位置在当地历年最高洪水位以下，易受洪水袭击。

积水区

乱采乱挖,破坏防水煤柱。

3. 技术措施不当,采掘接近积水区,未采取探放水措施,或探放水方法不得当,未留防水煤柱或留煤柱尺寸太小,乱采滥掘造成冒顶片帮,接通了积水区。

探水钻孔方向偏离

巷道掘进方向

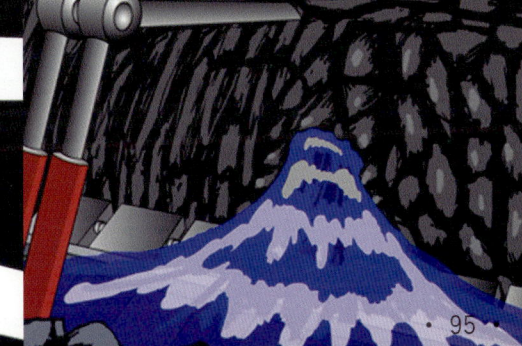

4. 麻痹大意，管理不善，如井下未筑防水闸门，或有而不关闭，水泵排水能力不足等。

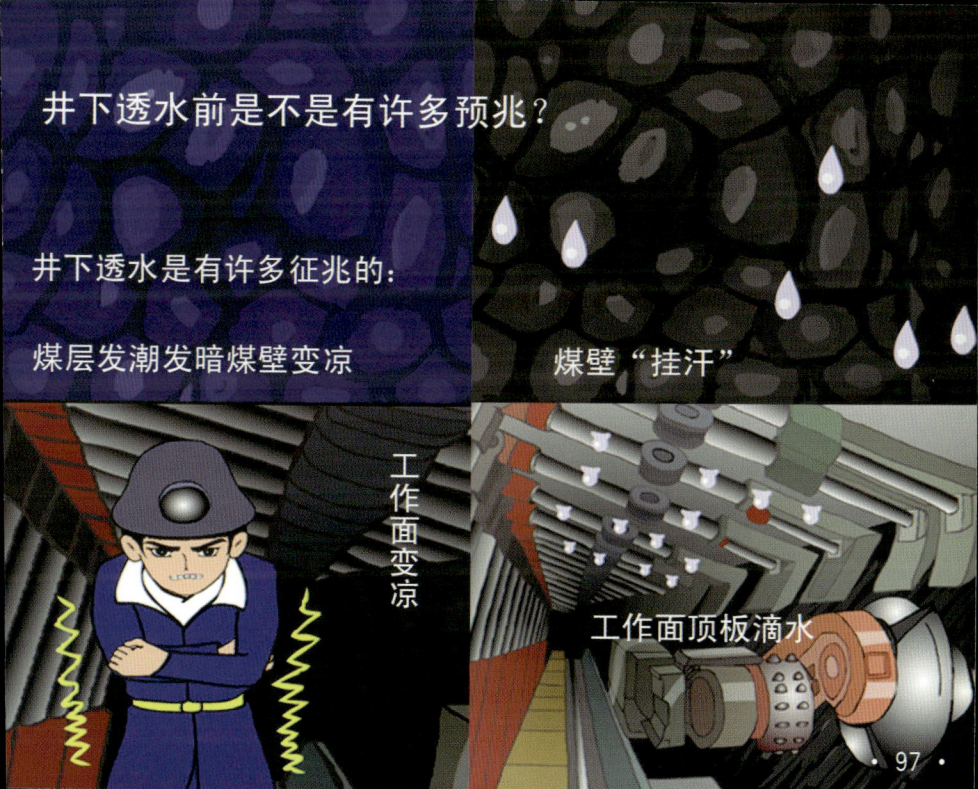

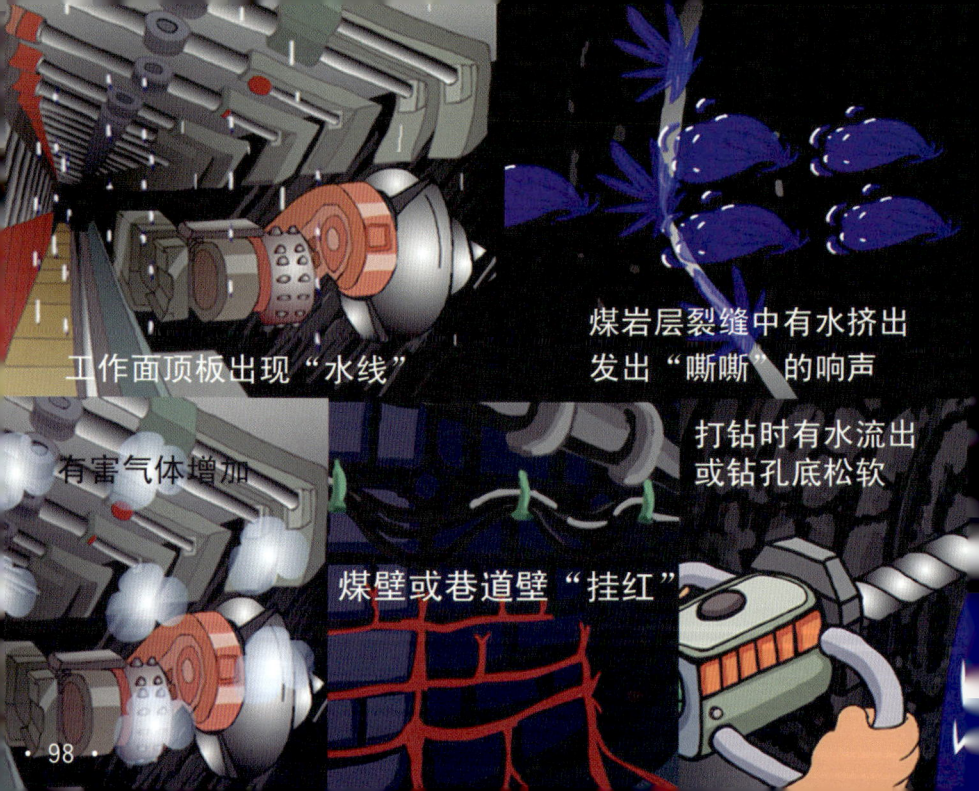

水害事故发生后，应在可能的情况下迅速观察和判断突水的地点、水的来源、涌水量、发生原因和危害程度等情况，并报告调度室。同时，向下部水平和其他可能受威胁区域的人员发出警报。

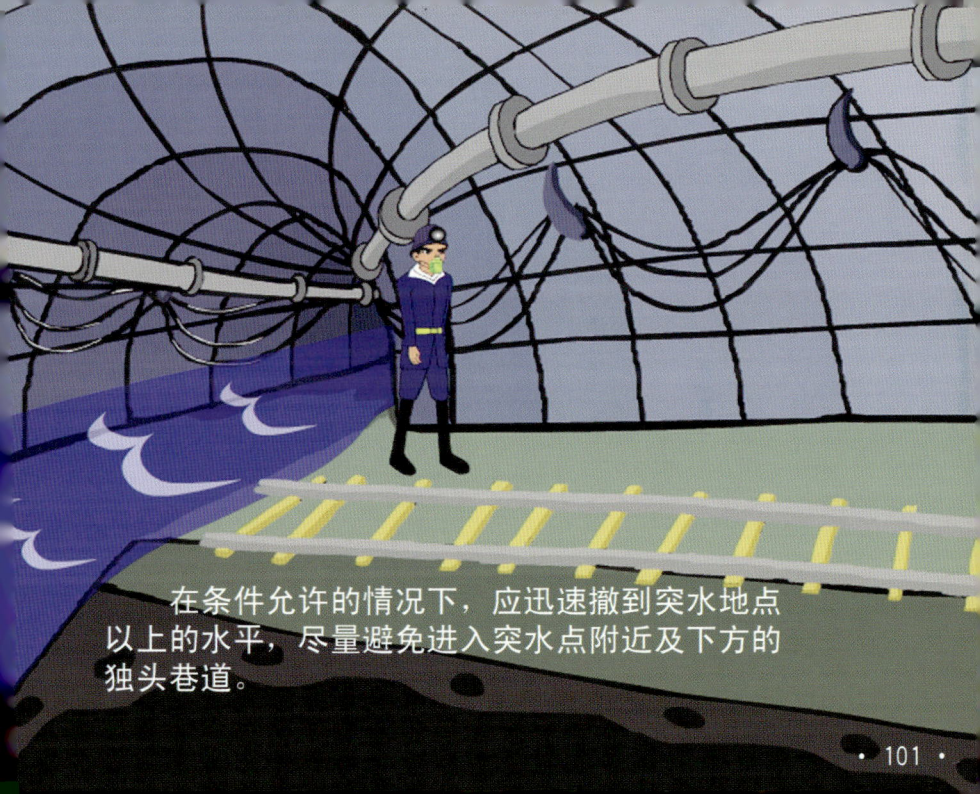

在条件允许的情况下,应迅速撤到突水地点以上的水平,尽量避免进入突水点附近及下方的独头巷道。

撤退途中因冒顶或积水堵住往返退路时，严禁盲目采取潜水冒险行为来脱离险区，因为潜水易被水中杂物缠绕或受撞击而溺死亡。

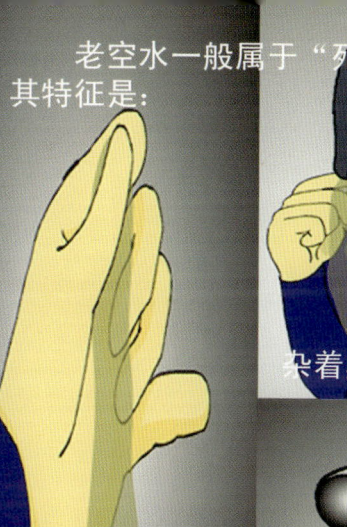

遇到老空水时怎么办？

当老空水涌出时，使有毒有害气体浓度增高。这时，现场人员应立即佩戴隔离式自救器或压缩氧白救器。在尚未确定所在地点的空气成分能否保证生命安全时，决不能摘掉自救器的口具和鼻夹，以免发生中毒、窒息事故。

遇到顶板事故如何避险？

煤矿井下冒顶、片帮事故经常给矿工造成伤亡，破坏巷道，砸毁井下设备，严重影响煤矿安全生产。

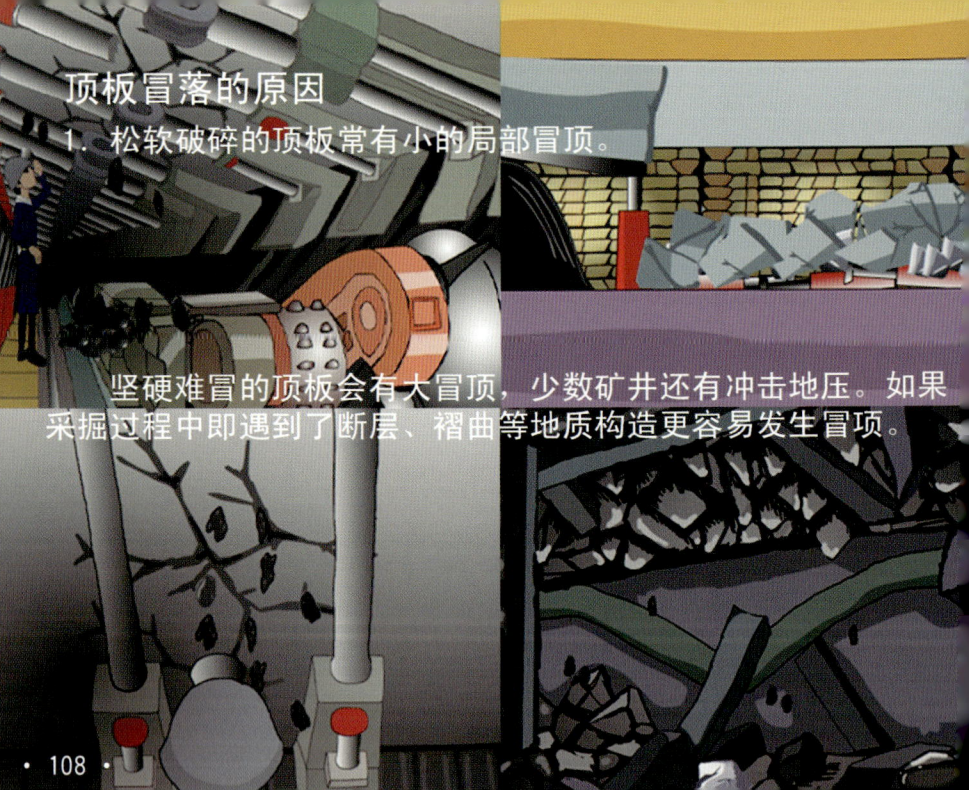

顶板冒落的原因

1. 松软破碎的顶板常有小的局部冒顶。

坚硬难冒的顶板会有大冒顶，少数矿井还有冲击地压。如果采掘过程中即遇到了断层、褶曲等地质构造更容易发生冒顶。

2. 采煤机切割煤壁或工作面放炮时,改柱、回柱和放顶时,对顶板的震动破坏较大,比进行其他工作时更易冒顶。

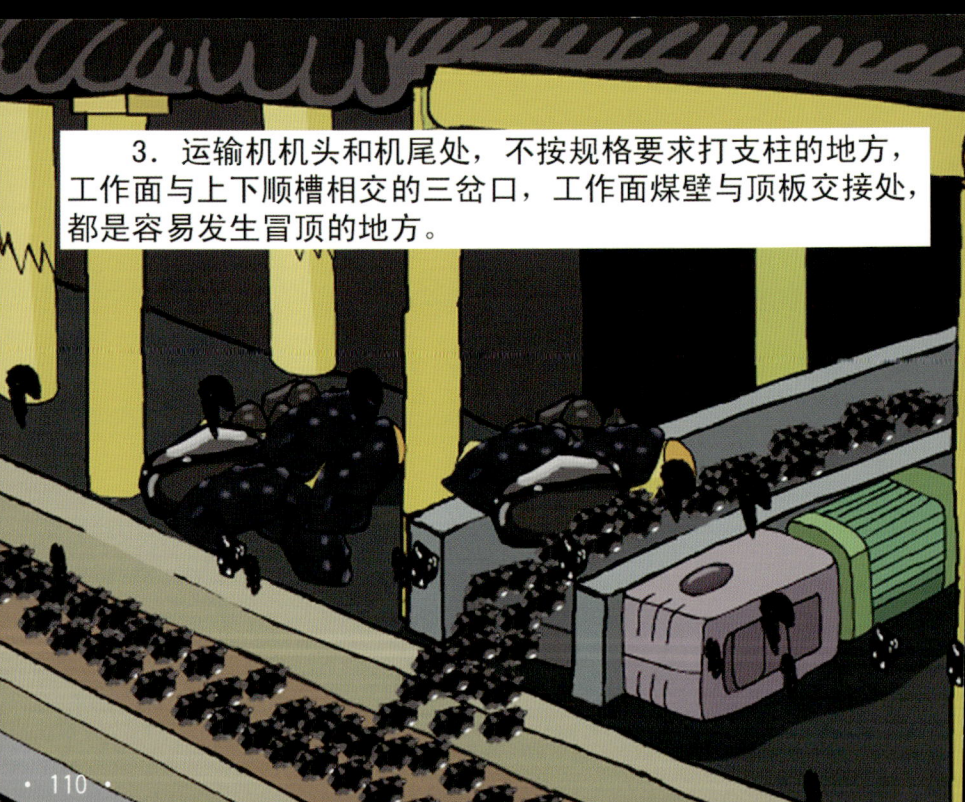

3. 运输机机头和机尾处，不按规格要求打支柱的地方，工作面与上下顺槽相交的三岔口，工作面煤壁与顶板交接处，都是容易发生冒顶的地方。

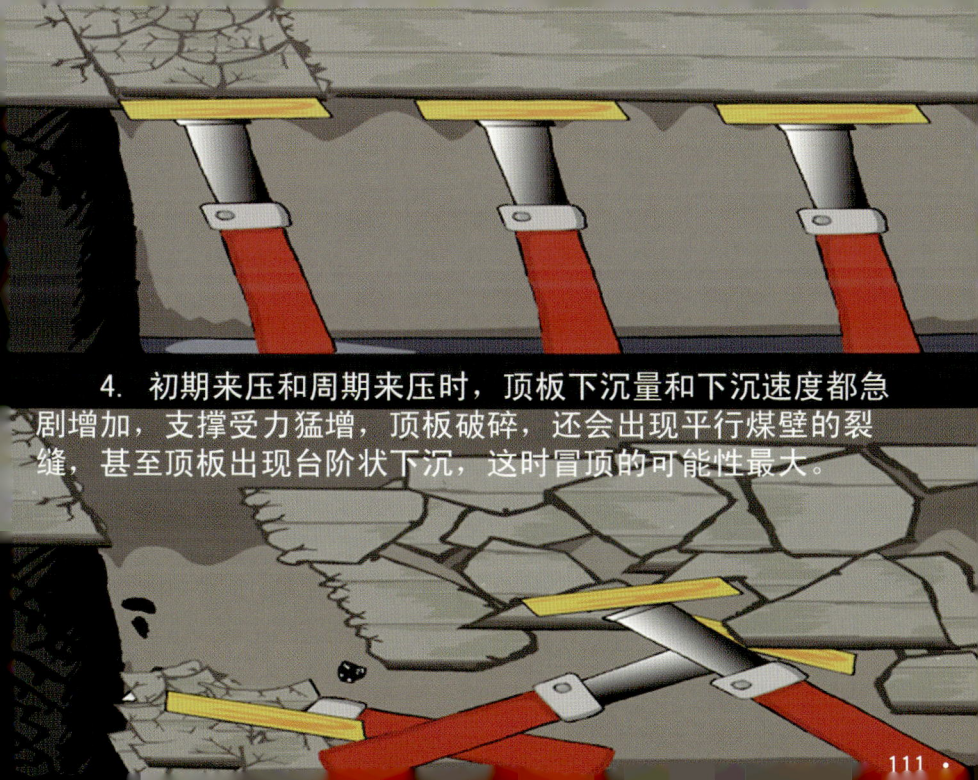

4. 初期来压和周期来压时,顶板下沉量和下沉速度都急剧增加,支撑受力猛增,顶板破碎,还会出现平行煤壁的裂缝,甚至顶板出现台阶状下沉,这时冒顶的可能性最大。

5. 托伪顶、留煤顶开采,厚煤层用竹芭、荆芭、金属网作假顶开采。对顶板管理不到位,交接班不认真,技术不过硬,放松警惕,岗位责任制不清,就会造成冒顶。

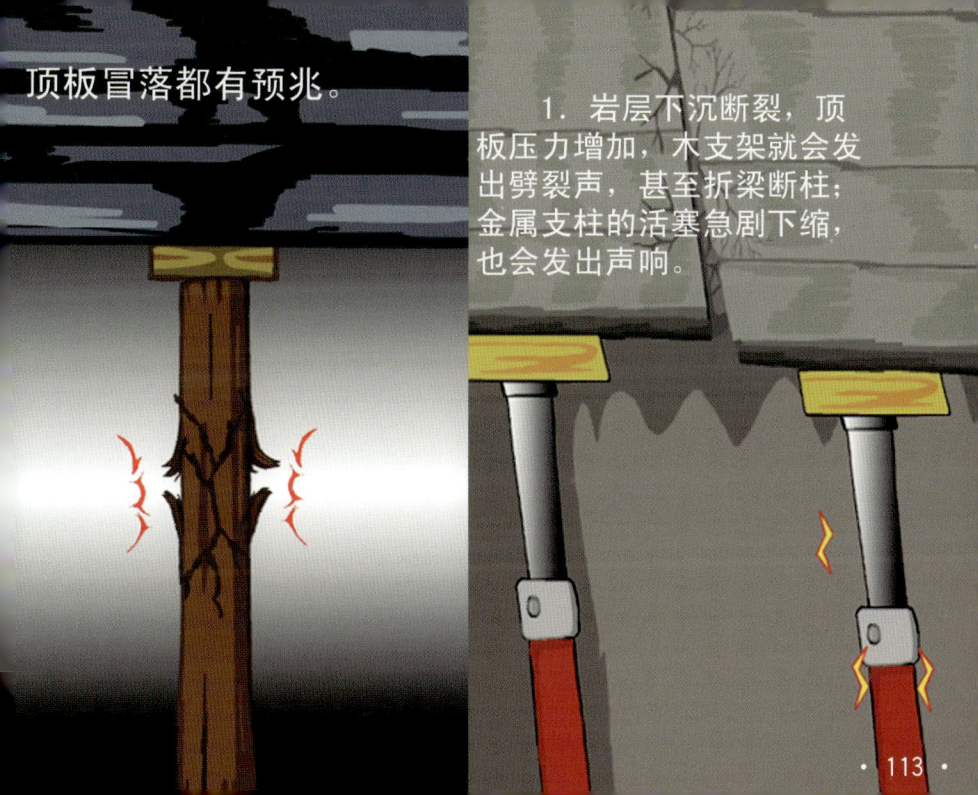

顶板冒落都有预兆。

1. 岩层下沉断裂,顶板压力增加,木支架就会发出劈裂声,甚至折梁断柱;金属支柱的活塞急剧下缩,也会发出声响。

2. 在人工顶板下，掉下的碎矸石和煤碴更多，工人称之为"煤雨"。

3. 片帮。冒顶前煤壁所受压力增加,变得松软,片帮煤比平时多。

4. 这里指的是由于采区顶板下沉引起的裂缝。如果裂缝不断加深、加宽,说明顶板继续恶化,这就有冒预危险了。

缝里有煤泥、水锈的不危险。这是**老的自然裂缝**

5. 顶板快要冒落的,往往出现脱层现象。敲帮问顶时,如果声音清脆,表明顶板完好,如果发出"咚咚"的响声,说明上下岩层之间已经脱离,有冒顶危险。

6. 破碎的伪顶或直接顶,在大面积冒顶之前,有时因为背顶不严和支架不牢出现漏顶现象。如果顶板岩石继续冒落,就会造成大冒顶。

突然冒顶,来不及撤离怎么办?

　　如果无法防止冒顶时,又来不及撤离险区,这时候要迅速背靠煤壁站立,此时要选择没有片帮的煤壁站立,仔细观察环境,寻找脱险的时机。

如果冒顶把矿工砸伤,煤块、柱梁压住身体不能动,此时要大声呼救,敲金属管道或金属支柱,发出有规律的信息,为营救创造条件。

如果矸石、煤块垮落压住人，切忌猛拉和硬抻，最好用液千斤顶类的工具抢救，防止加重伤势。

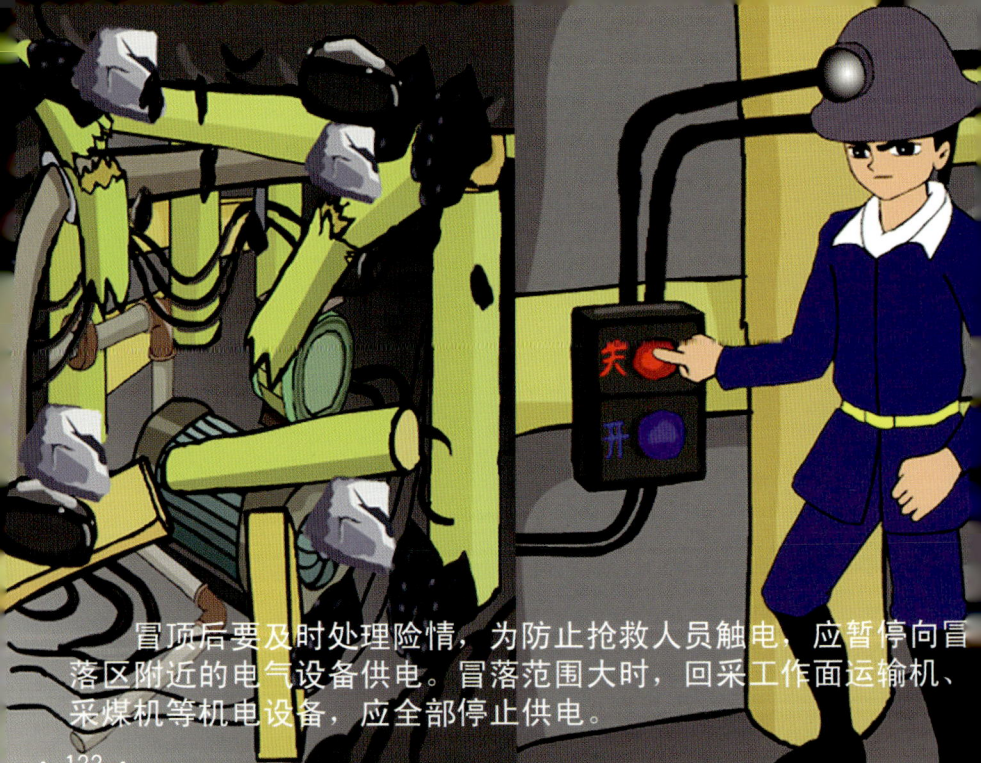

冒顶后要及时处理险情,为防止抢救人员触电,应暂停向冒落区附近的电气设备供电。冒落范围大时,回采工作面运输机、采煤机等机电设备,应全部停止供电。

营救人员进入冒落区,要注意检查冒顶地点附近支架情况,发现有折损、歪扭变形的柱子,要立即处理好,同时要小心使用工具,避免伤害遇险人员。

遇到运输事故如何避险？

矿工乘罐时两手应紧握罐笼内的扶手。罐笼内人多时，没握住扶手的人应靠两边站立，并抓住握扶手的人，并将两腿弯曲。这样一旦发生礅罐时，可减小罐底的冲击力，减轻对人员的伤害。

乘罐人员发现罐笼运行情况出现异常时,如向上运行突然改变为向下运行,并出现减速停止;或向下运行时突然速度加快,并减速停止。有上述情况发生,一般就是罐笼提升钢丝绳断了。

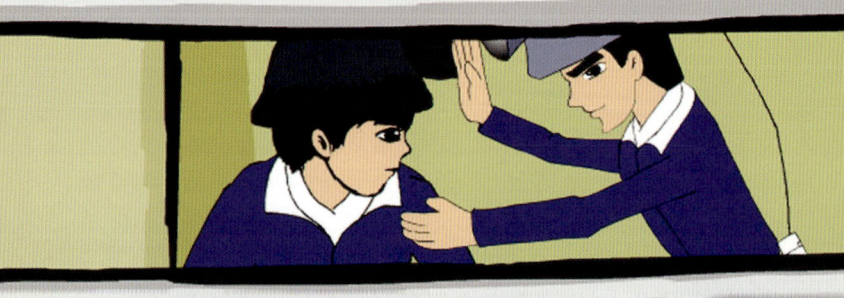

这时候乘罐人员一定要保持镇静,不要乱动,以保持罐笼的平衡。同时,不要打开罐笼盖,冒险进入梯子间,以防坠入井底。

乘坐斜井人车需要注意什么？

斜井人车会发生掉道、跑车等事故，这时候跟车工应立即发出停车信号或打乱点，发出事故信号。

斜巷行走要注意哪些呢？

矿工行走在斜巷里要提高警觉，防止矿车掉道造成的伤害。当听到剧烈而异常的声响时，应立即进入躲避硐室避灾。

井下还有许多避灾的方法,只要多学习,牢记遵章守法、安全第一,就可以做到高高兴兴地上班,平平安安地回家。